触目惊心

——水泥企业重大安全事故警示录

中国建筑材料企业管理协会 张思丰 主编

中国建材工业出版社

图书在版编目（CIP）数据

触目惊心：水泥企业重大安全事故警示录 / 张思丰主编．—北京：中国建材工业出版社，2020.8

ISBN 978-7-5160-3005-9

Ⅰ．①触… Ⅱ．①张… Ⅲ．①水泥工业－安全事故－案例－中国 Ⅳ．① TQ172

中国版本图书馆 CIP 数据核字（2020）第 123571 号

触目惊心——水泥企业重大安全事故警示录

Chumujingxin——Shuini Qiye Zhongda Anquan Shigu Jingshilu

张思丰　主编

出版发行：中国建材工业出版社

地　　址：北京市海淀区三里河路 1 号

邮政编码：100044

经　　销：全国各地新华书店

印　　刷：廊坊市金虹宇印务有限公司

开　　本：710mm×1000mm　1/16

印　　张：7

字　　数：60 千字

版　　次：2020 年 8 月第 1 版

印　　次：2020 年 8 月第 1 次

定　　价：56.00 元

本社网址：www.jccbs.com，微信公众号：zgjcgycbs

生命至上　安全第一

水泥企业不出事故便罢，一旦出事几乎都是大事，而且都是在认为不可能的时间、地点。

水泥企业几乎每个环节都有发生不测的可能，只要大意、粗心、任性，随时都会触“雷”。

水泥企业所有安全事故几乎都是同行发生过的悲剧重演，谁都需要虚心做个小学生。

一旦出事，严重者，企业将面临安全等级下降、停产整顿，受害者及其家庭将天塌地陷，损失无法衡量。

前　言

前些天，一个熟悉的水泥企业不幸发生一起两死两伤的生产事故，起因是几名员工在水泥窑清窑皮结拱作业过程中被突然喷出的高温水泥熟料烫伤，死伤者都比较年轻。尽管在抢救、医疗、经济补偿等方面各方都尽了最大努力，但事故给死伤者及其家庭、企业都造成了无法弥补的损害。

正在为此事感叹之余，接到中国建材工业出版社佟令玫总编辑的电话，在探讨其他事情时谈及了此事，深感在今天的中国水泥企业技术之先进、管理之严密的情况下，不应该再次出现如此令人扼腕叹息、触目惊心的事故。借通电话之机，顺便问及出版社此前是否出版过能让有关人员警醒、警觉的图书。佟总编说，出版社出版过不少建筑施工安全方面的书，但面向水泥行业进行安全警示教育的出版物还没有出版过。她建议我可以尝试做些这方面的工作。

在这个不平凡的2020年，由于受新冠肺炎疫情的影响，时间方面相对宽裕，个人也觉得编写此书是一件有意义的事情，因此就有了编写这本小册子的想法。从开始搜集、整理这方面的材料，到基本成形交付出版社稿件的这段时间内，每天都被水泥企业中曾经发生过的各类安全事故所折磨，看到那么多工人兄弟因为**管理措施不到位、自己一时大意和他人一时疏忽**，而受到人身伤害甚至丢掉生命的现象如此频繁发生、教训如此惨痛，我深感不安，许多场景至今仍历历在目、难以忘怀。

编写这本小册子的过程是我首次通过搜集信息、整理资料而系统接触水泥企业重大安全事故，从开始时道听途说一些碎片消息，到全面了解水泥行业年年都有如此众多的各种安全事故，乃至思考如何能有效地发挥这项工作的作用，最大的感受始终没有离开"触目惊心"这四个字。

首先是为水泥企业各类安全事故发生的频率、后果的惨重而感到"触目惊心"。

水泥行业每年公开的各类重大安全事故我没有准确统计，但总体数量都不下于几十起，当然还不包括大量私下解决、没有对外披露的事故，全行业每年伤亡人数都在三位数以上，经济损失自然也是十分惨重。

更令人担忧的是，水泥行业每年类似的悲剧还在不断重演，数量和危害不但没有减少、减弱，而且还有增长的态势，只是事故发生的时间、地点和企业不同而已。从事故发生的覆盖面上看，水泥企业的多种岗位或工序，包括各大水泥集团都未能幸免，在安全问题上任何企业、任何人都没有任性的资格。

其次是有效阻断或减少水泥企业安全事故的发生，同样也需要“触目惊心”。

从掌握的资料看，所有水泥企业对安全生产、安全管理、安全教育都非常重视，各种制度、措施、宣贯也都很到位。个人认为，要杜绝安全事故的发生，采取一些“矫枉过正”的非常措施与办法十分必要。因为大部分事故都是直接责任人员一时的大意、粗心所致，而让大家了解在相同的岗位、自己的身边，就有同行或同事发生过惨痛的死伤事故，时刻保持“心惊”的状态，事故发生率一定会有所降低。

随着水泥企业规模化、自动化、信息化水平的提高，水泥企业的员工数量在不断减少，员工素质和安全意识不断提高，企业内部员工发生安全事故的概率相对降低。而随着外委或合作单位人员进入企业工作的机会相对增多，安全事故发生率明显上升。这些人员的职业素养、安全意识良莠不齐，加上安全教育手段、方法不到位，短期内很难建立有效的安全防范体系。这本小册子就是最直接的一种“触目惊心”的方式，让他们通过快速阅读，了解其作业过程中的安全事故案例，再配合常规的安全教育及有关措施，一定会有更好的效果。

让企业员工和其他相关人员了解发生在同行、同事身上的一桩桩惨烈事故可能有些残酷，本书所列事故案例全部采取“对事不对人”就是出于这个考虑。为了尽量减少水泥企业安全事故的发生，真正能触动大家时刻绷紧安全这根弦，少犯、不犯一些不该犯的错误，少出现乃至不出现一些不该有的伤亡事故，即便内容或形式上有些“过头”也是值得的。

在这本书的编辑过程中，采用了安全管理网、水泥备件网、水泥人网和数字水泥网等行业媒体在网上公开的资料和图片，在此一并感谢大家为水泥行业、水泥企业和水泥人的安全所做出的贡献，同时也感谢中国建材工业出版社王天恒、张巍巍等同志对本书编辑出版的大力协助和支持。

中国建筑材料企业管理协会秘书长　张思丰

2020 年 6 月

目　录

第一章
输送系统及维修伤亡事故

输送系统是水泥企业物料的搬运设备，可进行水平、倾斜和垂直输送并组成空间输送线路。输送系统的机械包括皮带机、螺旋输送机、斗式提升机、气力输送机等，特点是输送能力大、运距长、成本低，还可在输送过程中同时完成混合干燥等若干工艺操作，广泛应用于水泥企业。

输送系统及其应用的“技术”含量相对其他设备的“技术”含量低，在使用和维护过程中容易“轻心”，但在水泥企业中出现安全事故的概率并不低。

每一名履职尽责的安全生产工作者
都是英雄

一、皮带输送机事故

事故 1 2020 年 6 月 27 日，四川某机械设备有限公司在给重庆某水泥有限公司破碎车间检修板喂机时，链条的滑动导致发生机械伤害事故，造成正在清理积料的该水泥公司 3 名作业工人死亡。

事故 2 2019 年 7 月 12 日，吉林某水泥公司制成车间 1 号水泥磨 1 号皮带滚筒有异响，维修工人进行检查时，手臂卷入滚筒中，被现场人员解救出来后，抢救无效死亡。

事故 3 2019 年 5 月 31 日，浙江某水泥有限公司的工人在粉磨车间西侧 2 号磨机石膏输送带底部进行撬灰作业时，不慎被输送带卷入，造成死亡事故。

事故 4 2019 年 1 月 7 日，江西某水泥有限公司烧制车间发生一起安全生产意外事件，1 名员工被卷入传动带，身首异处。

事故 5 2018 年 12 月 11 日，浙江某物流有限公司水泥熟料入库系统的 38 号带式输送机下方，1 名工作人员左手手臂被输送机托辊卷入，随后送往当地医院，抢救无效当天死亡。

事故 6 2018 年 8 月 6 日，湖南某水泥有限公司的 1 名工人在清理皮带积料时，操作不慎导致左胳膊卷入皮带，现场惨不忍睹。

事故7 2013年4月23日，河北某水泥集团有限公司，制成车间工人发现2号地沟皮带挡板损坏需要维修。工人通知维修工修理，却没有通知中控室。由于时间是中午，维修工没有马上到现场。下午2时，2名维修工到达地沟维修，但没有对现场皮带控制开关进行断电和挂牌，也没有和制成车间人员接洽。2时27分中控室操作员没接到维修断电的通知，他们发现水泥磨参数恢复后便正常启动所有上料皮带，直接导致2名维修工从皮带上摔下，造成1死1伤。

事故8 2012年3月14日，新疆某水泥厂生料工段停机检修。1名操作工进入长皮带下部三通分料器清理结块物料，旁边1人监护。突然长皮带开启，物料由操作工上方落下，砸到了操作工身上。在旁的监护人马上联系中控人员停机，将操作工救出。所幸未造成人员伤亡。

事故9 2012年2月27日，新疆某水泥企业的辅助工人第一天上班，临近下班时被安排到破碎地坑打扫漏料。在清扫胶带运输机下的漏料时，衣角被滚筒卷入（此人穿着军大衣，未扣扣子），顺势将其整个人卷入。操作人员发现时急忙停机，将其送去医院抢救，最终抢救无效死亡。

事故 10 2008 年 5 月 13 日，某水泥厂烧成车间巡检时发现熟料皮带跑偏，立即对带尾进行检查，发现负责该部位的清理人员被输送皮带下的返回托辊固定架卡住，紧急叫停后，立即组组施救，但仍因伤势过重死亡。

事故 11 2007 年 12 月 25 日，某水泥厂职工在皮带机上打扫卫生，此时正当夏季，图凉快把衣服下摆打开。在打扫完身边的卫生后，为了省事未绕到皮带机对面清理，而是弯腰把扫把伸到对面，不想衣服下摆被运行中的皮带卷入，整个人被带到最近的尾轮上。旁边岗位工见状不是去拉急停开关，而是试图把卷入者从转动的尾

轮处拉出来，努力无效后急忙跑到休息室找人帮忙，未找到帮手才跑到中控室找中控员紧急停机。最后伤者被拉出时右大腿已被挖去一大块儿肉，右侧胸部被拉掉大片皮肤，经抢救保住了性命。

事故 12 2007 年 3 月 21 日，某水泥厂物料输送民工未同当班同事打招呼，擅自 1 人到砂岩库清料，最后人被皮带送到砂岩皮带称上才被当班巡检发现。随后立即组织人员将其从皮带上抬了下来，发现已窒息死亡。

事故 13 2005 年 7 月 15 日，新疆某水泥有限责任公司，巡检工在巡检破碎机出料胶带输送机时，发现尾轮滚筒上粘有煤粉导致皮带轻微跑偏，于是用铁锹插入皮带机内对滚筒上的煤粉进行清理。在清理过程铁锹不幸被卷入皮带机，由于他没有及时松手，措不及防被铁锹带着冲向前方，头部撞到前方挡墙，当场死亡。

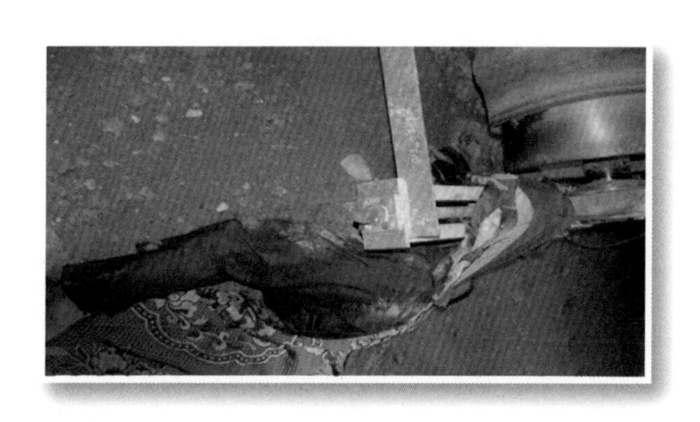

二、螺旋输送机事故

事故 1 2019年6月12日，重庆某水泥有限公司增湿塔底螺旋堵料，工作人员在清堵时发生塌料，导致2人受伤。

事故 2 2005年3月5日，贵州某水泥企业1名工人在20米深的塔底（散装水泥库）清理残留水泥时，被卷进运送水泥的螺旋输送机中死亡。

事故 3 2004年9月10日，某水泥厂包装车间1名工人进行倒料工作。开机后发现库不下料，于是手持钢管，站立在螺旋输送机上敲打库底。库下料后，准备下来时因脚穿泡沫拖鞋，行动不便，重心失稳，左脚恰好踩进螺旋输送机上部10厘米宽的缝隙内，正在运行的机器将其脚和腿绞了进去。在停车并反转盘车后，才将其腿和脚退出，最终导致左腿高位截肢。

事故4 某螺旋输送机操作工上班迟到，没有赶上交接班。到岗后，班长告诉他交接班时上一班组工人说螺旋输送机堵了两次料。操作工在上岗后立即开机，并手持一节圆钢去清理机槽内的堵料。清理时，圆钢被绞刀叶片卡住变形并随绞刀旋转，操作工用力抽不出反被拉倒在机槽上，右臂被绞断，全身随绞刀前移了1.5米，颈动脉被割破8厘米，当场死亡。

三、提升机事故

事故1 2019年2月13日，广东某水泥有限公司成品车间4楼楼顶，外协单位在复产前检修入磨提升机的运作情况，因挂拉葫芦铁架坍塌，导致事故发生，造成1死2伤的惨痛后果。

事故 2 2015 年 12 月 7 日，四川某水泥有限公司 2 名操作工人在检查斗提机逆止器时，逆止器外壳破解发生事故，1 名工人当场死亡，另 1 名工人受重伤后抢救无效死亡。

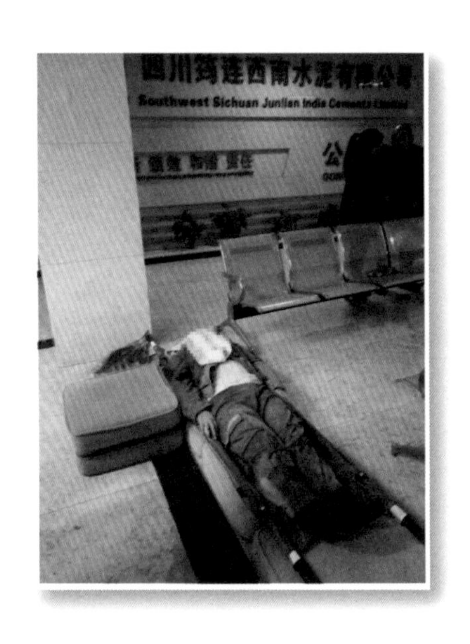

事故 3 2002 年 5 月 12 日，某水泥厂维修工根据机长安排到链斗机地坑里检修故障链斗。当他站在链斗上面维修时，链斗机岗位工人突然启动机器，导致维修工当即被卡进链斗里，被拉出来时大腿骨折断并严重出血，生命垂危。

第二章

原料储库、料仓伤亡事故

水泥企业的各种原料储库和料仓很多，尽管只是储存原料，结构、功能比较简单，固定的操作岗位设置比较少，按理说应是水泥企业安全管理相对简单的环节。但事实上，许多水泥企业都在这个环节上栽了跟头，事故的频率、危害性比其他工序有过之而无不及。

储库、料仓岗位的操作相对简单，但在作业过程中更容易失足、失手，经常发生掉进料仓被埋、被压的死伤事故。

与其上班前向父母道个早安

不如下班后向父母报个平安

事故1 2020年2月19日，安徽某集团水泥分公司辅料库发生一起坠落事故，致1名员工受伤，后送至医院经抢救无效死亡。

事故2 2019年12月28日，陕西某水泥厂，1人不慎掉进水泥库，下半身被干水泥埋住。经过1个小时的处置，被消防员成功救出。

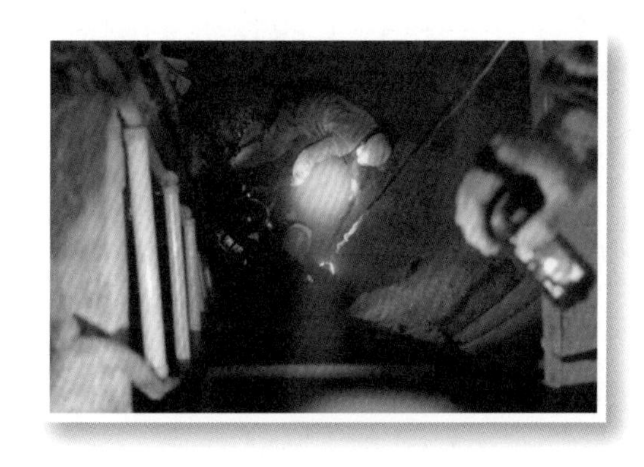

事故3 2019年7月31日，四川某水泥股份有限公司漏斗内的石料在暴雨后产生粘粘，3名工人持工具处理时，不慎被埋压，导致2死1伤。

事故4　2019年6月30日，安徽某水泥有限公司清理混合材料库的堵塞材料时发生伤害事故，1人死亡。

事故5　2019年1月7日，新疆某水泥厂发生事故，导致1人死亡。死者为生料石灰石圆堆棚车间内取料工。

事故6　2018年11月8日，广西某水泥制品有限公司提料员进入5号料仓卸料口检查，不慎被埋导致窒息死亡。

事故7　2018年9月3日，陕西某水泥有限公司在进行碎石出料作业过程中，3名人员从碎石储存库卸料观察孔进入库内处理积料时，积料坍塌将3人掩埋，另有2人在施救过程中因积料下陷被石料卷入掩埋。事故共造成4人死亡、1人受伤。

事故 8 2018 年 5 月 21 日，陕西某水泥有限公司建筑垃圾综合利用车间，在生产石料过程中，2 名员工发现进料口堵塞停止进料。2 人从料斗底部上到料斗上方，用钢管对进料口进行疏通。随后 2 人掉入进料斗中，此时堆放在料斗旁边的沙子突然坍塌，将 2 人掩埋，被救出后送往医院抢救无效死亡。

事故 9 2018 年 4 月 8 日，安徽某企业生产部制成车间的石膏库堵料，捣料疏通过程中物料垮塌造成 2 名员工死亡。

事故 10 2017 年 9 月 10 日，黑龙江某水泥有限公司制造车间发生一起机械伤害事故，该车间1号窑均化库岗位操作工被刮板取料机刮中头部致死。

事故11 2016年2月29日，湖北某水泥厂发生事故，厂内原料突然发生坍塌，2名员工被埋压在原料下方，造成死亡。

事故12 2015年3月1日，四川某水泥厂发生安全事故，1名工人被埋生料堆里，造成死亡。

事故13 2014年12月7日，贵州某水泥厂在清理水渣仓时发生一起事故，造成2人受伤，在送往医院抢救途中死亡。

事故 14 2012 年 3 月 4 日，某工人休假结束回厂上班（中班），在巡检过程中，横穿原煤堆场（煤堆会自燃，在煤层上产生大量煤灰），行走时右脚陷入煤灰中。当感觉到脚部滚烫时快速后退，回到堆场挡墙处，赶紧脱掉自己的板鞋，发现已经被烫伤。这起事故造成该工人右脚大面积烧伤。

事故 15 2009 年 6 月 20 日，云南某水泥有限公司生料配料土仓结拱，工人进入土仓用通钎疏通。由于 3 名工人均未系安全绳，造成土和人一起下坠被物料掩埋窒息死亡。

事故 16 2009 年 6 月 27 日，安徽某水泥股份公司水泥分厂矿渣烘干班组工人，在矿渣下料仓（漏斗状）底部捅被堵住的料口，未果，随后来到地面料仓口自上而下捅矿渣。因现场无监护人员，该工人被推土机推来的矿渣一起推到料仓内，到中午 12 时方被找到，但已窒息死亡。

事故 17 2008 年 4 月 4 日，湖北省某水泥厂发生生产事故，2 名工人到料仓检修，其中 1 名工人系好安全带下去，另 1 名工人在上面用麻绳拉着。不料，由于下去时力量过大失去平衡，2 名工人先后坠入料仓，被石料掩埋致死。

事故 18 2007 年 5 月 19 日，贵州某水泥厂 1 名工人在上班时，不慎从排渣管道跌入昏暗、高温、四周封闭的熟料混合材料库内，被废弃的泥渣埋压致死。

第三章 破碎、粉磨系统伤亡事故

破碎、粉磨系统包括各种原（燃）材料的破碎、粉磨和水泥粉磨设备及其附助设备，是水泥核心工艺过程的关键设备。其特点是设备功率大、重载、高速转动，在运行和维修过程中一旦出现安全事故，都是重大死伤事故。

目前水泥企业的破碎、粉磨设备及其附属设备自动化水平都比较高，正常运行时不易出现问题，事故发生经常是在维修、保养、交接班等环节。细节决定成败，细节决定安全。

宁走百步远
不抢一步险

一、水泥磨事故

事故1 2019年10月4日，重庆某水泥厂的设备处于停机检修状态，当时立磨油站有冒烟现象，1名主管和3名机修人员一同前往检修。到现场后，4人中有人吸烟，发生燃爆事故，造成1人死亡、3人重伤。

事故2 2018年9月12日，甘肃某水泥有限公司磨机厂房内，2名作业人员站在铲车兜内对球磨机门进行维修时，铲车突然向前溜车，

导致铲车兜上沿将铲车兜内 1 名作业人员挤压在球磨机上，造成死亡。

事故 3 2015 年 4 月 1 日，辽宁某水泥有限公司烧成分厂对原料磨进行检修时，因中控室输出合闸信号的中间继电器发生误操作等原因，造成 2 人死亡。

事故 4 2015 年 2 月 2 日，山东某水泥有限公司在检修设备时，处于停产的水泥磨减速机突然发生爆炸，致 2 名人员重伤，事故发生后，伤者立即被送往医院抢救，无效死亡。

事故 5 2014 年 5 月 28 日，贵州某水泥有限公司熟料分厂 2 线立磨辊数据测量的现场，发生一起重大机械伤害事故，导致正在磨内进行磨辊测量的 3 名作业工人死亡。

事故 6 2011 年 1 月 24 日，湖南某水泥有限公司粉磨工段车间在设备维修过程中发生一起安全事故。当时，粉磨工段车间正在进行设备维修工作，料斗突然从 4 米多高的上空坠落，伴随着料斗一起坠落的还有几名正在维修的工人，事故造成 1 人当场死亡、3 人不同程度受伤。

事故7 2005年6月18日，湖南某水泥厂中班巡检工看巡检记录时，发现生料磨正常停磨，于是通知中控室开磨，中控室收到该巡检工开磨的请求后，未进一步确认就开磨了。但实际在上一班时，生料磨因内磨辊螺丝松掉而停机，4名维修人员正入磨检修，一直到下班还未结束。交接班时上一班的巡检工急着回家，既没有口头交代，也没有做记录反映。中控室开磨后，该巡检工在现场发现人孔门处有电焊线，立即紧急停机，4名维修人员已全部死亡。

二、辊压机事故

2012年4月5日，新疆某水泥厂生料车间，巡检工巡检过程中与中控室核对参数时，发现辊压机给料装置现场显示与中控室显示有较大差异。该巡检工通知中控室上料进行检修后，在没有通知检修工、电工断电的情况下，私自打开风机风叶后盖，取出风机叶子，用扳手卡住螺杆转动使辊压机给料装置回到原始位置，结果电机反转，扳手打断手指，险酿大事。

三、破碎机事故

事故 1 2013 年 4 月 12 日，江西某水泥厂 58 岁的加料工夜间值班，由于连续工作 24 小时，疲劳过度不慎掉进正在工作的颚式破碎机内身亡。

事故 2 2012 年 10 月 14 日，吉林某水泥公司上料工段的石膏破碎机弧形壁板压条出现生产故障，需要补焊。3 名工人对破碎机进行维修，另 1 名当班工人在未完全确认破碎机是否完成修理、是否有人的情况下，签送“送电工作票”，致使破碎机启动工作，导致正在破碎机内维修的 2 名工人当场死亡。

第四章
水泥窑系统伤亡事故

水泥窑系统包括窑尾预热器、分解炉、回转窑、耐火材料、燃烧器和篦冷机等，是水泥厂的心脏设备。其特点是高温、重载、连续运转，工艺制度严格，运维要求很高，是水泥企业安全管理的重要环节，一旦出现事故，后果都比较严重。

水泥窑系统是完成水泥从原料到成品的载体，对温度、气流、保温、燃烧的要求都比较高，生产、维护和维修的任何环节出现问题都十分严重，需要倍加注意。

每一个扼杀事故隐患的行为
都是壮举

一、水泥窑及维修事故

事故 1 2020 年 5 月 6 日，山东某水泥有限公司在回转窑清窑皮结拱作业过程中发生一起安全生产事故，造成 2 死 2 伤。

事故 2 2019 年 2 月下旬，福建某水泥有限公司窑筒体出现裂缝，从窑筒体的 33 米到 39 米处，产生裂缝的长度约 5 米，造成重大安全生产事故。

事故 3 2018 年 1 月 23 日，山西某水泥有限公司 1 号水泥窑突然发生断裂，从现场照片看，窑体被撕裂成三段，现场一片狼藉，造成重大安全生产事故。

事故 4 2017 年 11 月 20 日，安徽某水泥股份公司 4 号窑在检修时，2 名木工、3 名瓦工和在当地聘请的 2 名辅助工等一共 7 人进入 4 号窑中间通道内，对炉壁耐火材料进行修补作业。当工作进行到尾声时，突发意外，窑顶材料从高空坠落，砸向正在通道内作业的 7 名工人，其中 5 人被砸中后掉至窑底。最终导致 3 人当场被砸死，4 人被砸伤。

事故5 2017年9月1日，河南某耐火材料技术有限公司承揽的河北某水泥有限公司在回转窑耐火材料维护施工过程中，因操作失误，造成窑中高达600℃以上的水泥熟料落下，将正在窑下施工的5名工人埋压，其中4人死亡、1人重伤。

事故6 2017年6月29日，河南某水泥有限公司在处理窑尾三级预热器锥部下料管堵塞故障时，巡检工违反安全操作规定，在未进行作业审批、未采取安全措施情况下，一人自行打开下料管上的处置门，致使管内高温粉料（约300千克，700℃）喷出，导致灼烫事故发生。事故造成烧成车间巡检工死亡。

事故7 2017年6月24日，陕西某水泥有限责任公司1名职工在检修水泥窑故障时发生意外，不幸身亡。事故原因是相关人员在发现故障后，虽及时通知中控室，但在中控室人员还没下达指令前，作业人员在未穿着防护服、未做好防护准备的情况下，擅自开启了水泥熟料检修风门，被检修风门喷出热风和热料灼伤，造成1人死亡、2人受伤。

事故8 2013年3月22日，贵州某水泥厂的5名工人正在水泥厂大窑施工，突然间预热器后面阴室生料发生堵塞，温度超过300℃的生料瞬间向外喷射，在场的5名工人未来得及反应就被滚滚热浪掀翻死亡。

事故9 2012年4月6日，云南某水泥厂立窑车间发生喷窑安全生产事故。立窑进料口附近操作平台上作业的7名工人被喷出的500℃的熟料烫伤，其中1人因伤势过重当场死亡，另外6名重伤者送医院治疗。

事故10 2007年8月，陕西某水泥企业的车间回转窑系统一次风机轴承突发故障，迫使窑系统紧急停车，系统止煤止料，随后停窑检修。在三通道喷煤管接头安装扫尾时，窑内突然爆燃，喷出的炙热气流夹杂着熟料小块和灰尘，造成3名窑头巡检工重伤。

事故11 2005年8月16日，四川某水泥企业发生一起喷窑重大安全生产事故，立窑口突然传出一声巨响，部分炉料夹杂着1500℃的高温火苗，从立窑口吐出，造成4人严重烧伤。

二、预热器及维修事故

事故 1 2019 年 4 月 14 日，广东某水泥有限公司在停产检修过程中，外委检修队伍施工人员从预热器内脚手架跌落，造成 1 死 1 重伤。

事故 2 2019 年 2 月 24 日，四川某水泥集团建材分公司的 1 名检修人员从预热器内坠落，不幸身亡。

事故 3 2018 年 10 月下旬，江西某水泥企业的一名工人从高约 7 米的预热器上方摔落死亡。

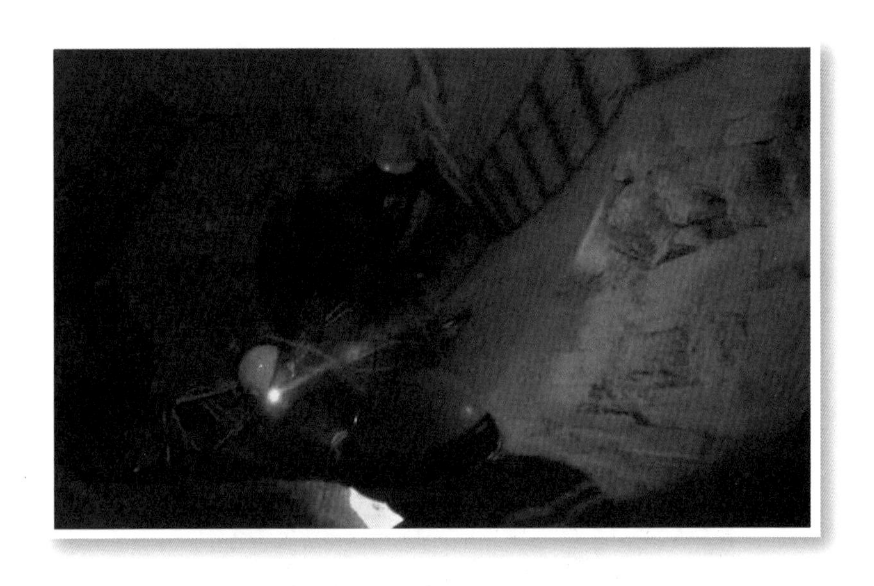

事故 4 2017 年 11 月 17 日，广西某水泥有限公司 3 名员工在处理窑尾 F 炉压炉时，因 F 炉喷料造成烫伤。事故发生后，现场人员第一时间将伤者送到医院，其中 1 人在送往医院途中死亡，2 人重伤。

事故 5 2008 年 4 月 13 日，安徽某水泥股份有限公司委托某建筑安装公司对 4 号窑进行检修时，发生炉顶内壁部分浇注料坍塌，导致 3 人死亡、4 人受伤。

三、篦冷机及维修事故

事故1 2020年2月17日，河北某水泥厂进行设备检修，1名外协单位工人从回转窑跌落至篦冷机受伤，事故发生后该厂迅速组织救援，不幸的是，该工人经抢救无效死亡。

事故2 2019年2月27日，湖南某水泥有限公司外委施工单位的3名员工，在该公司水泥二分厂5000吨生产线检修进入冷却机电收尘风门，进行风管检查时因风门卡死，造成风门意外反转，导致2人从高处坠落，其中1人经抢救无效死亡、1人受重伤。

事故3 2018年1月26日，云南某水泥有限公司1名一线工人在用钢管清理篦冷机内“雪人”时，窑内大块窑皮掉下来砸到头部受伤。

事故4 2010年6月28日，广东某水泥厂发生事故，高温粉尘闷死4名工人。开始时该厂设备、工人作业等一切正常运转。下午2时20分许，电闪雷鸣致使电路跳闸，公司全线设备跳停。下午3时，公司恢复供电生产。4时20分许，公司安排了6名工人进入直径4.2米圆柱形的磨料机烘干仓内更换衬板。作业15分钟后，因雷电感应，窑尾排风机发生液变故障跳停，致使磨料机内无法排风，造成生料粉尘和近300℃热气回流进磨料机烘干仓。6名工人中，两名工人反应迅速爬出了磨料机，其他4人则被困在磨料机烘干仓。下午5时40分许，窑尾排风机重新启动后，1名工人被救出时已经死亡，其他3人被送至医院抢救无效死亡。

事故5 2010年3月22日，江苏某水泥厂的设备主管安排机修工进入篦冷机内焊接破碎机衬板，同时预热器C5下料管也有人员在对堵塞设备进行处理。当焊接工作结束机修工准备撤离时，预热器内积存的大量高温物料突然塌落，3名来不及撤离的机修工被高温粉尘覆盖，送至医院后抢救无效死亡。

事故6 2007年7月12日，广东某水泥有限公司因篦冷机破碎锤头质量不好，必须维修更换。烧成车间按计划要求停窑检修，2名工人进行作业。在检修过程中，三次风管发生突发瞬时塌料，篦冷机大量高温粉尘外冒，1名工人从检修平台跳下，另1名工人全身衣服着火跑出来滚倒在地。事故发生后，伤者立即被送往医院抢救。前者左脚脚跟粉碎性骨折，后者烧伤面积达 96%，伤势过重，抢救无效死亡。

第五章 水泥库伤亡事故

水泥库是水泥企业水泥及熟料存储的必备装置，主要分为混凝土库和钢板库两种。在生产过程中，受到气温、气流、雨水等影响导致水泥物料受潮，时间长了水泥库内部的物料板结，导致水泥库下料口无法正常下料，从而需要做水泥库清库工作。

水泥库清库看似一项简单的劳动，许多水泥企业在这方面都吃了大亏，其实清库是一项十分危险的工作，需要专业队伍、专业人员进行清库作业，切不可以掉以轻心。近年来，钢板水泥库坍塌伤人事件增多，一些粉磨站、搅拌站需要多加注意。

人人把关安全好

处处设防漏洞少

一、水泥库清库事故

事故 1 2020 年 5 月 18 日，广西某水泥公司进行水泥库清库项目施工，该地区某人力资源有限公司工人在没有进行入库前检查确认，没有系安全绳和佩戴防尘眼镜的情况下，站在库侧门用手电筒探着头查看水泥库里的库壁水泥积料。由于库侧门正上方水泥积料失稳，突然坍塌的水泥积料将工人掩埋，导致身体多处受到严重损伤而死亡。

事故 2 2018 年 12 月 31 日，河南某水泥有限责任公司外委施工单位在清库作业过程中，作业人员违规作业，事故导致 2 死 1 伤。

事故 3 2018 年 5 月 29 日，四川某水泥有限公司的施工方工作人员在检查水泥库清库作业环境时，被倾泻而下的水泥掩埋，致 1 人死亡。

事故4 2018年5月26日，陕西某水泥集团有限公司制成车间清库作业时，外委公司6名作业人员7时左右开始对3号水泥库进行清理作业，其中4人进入库内减压锥附近作业，2人在库外的库底板下作业。4名作业人员由库侧人孔门处进入库内，沿库侧人孔门附近库壁已清理的斜坡下至库底。入库后1人在库底减压锥内，持铲锹将物料由中心下料口卸出库外，其余3人在减压锥外将库底堆积料用耙子、铁锹喂入锥体内。11时15分许，库壁挂料突然坍塌，4名作业人员被掩埋，位于减压锥内的1人通过自救爬至库侧人孔门获救，其他3人死亡。

事故5 2018年5月1日，吉林某建筑工程有限公司在为吉林某水泥企业进行清库作业时发生水泥塌方，4名作业人员落入水泥罐内，其中2人死亡。

事故6 2018年2月6日，江苏某水泥有限公司外委单位在清库过程中，库内积料突然坍塌，将正在库内作业的员工掩埋，经抢救无效死亡。

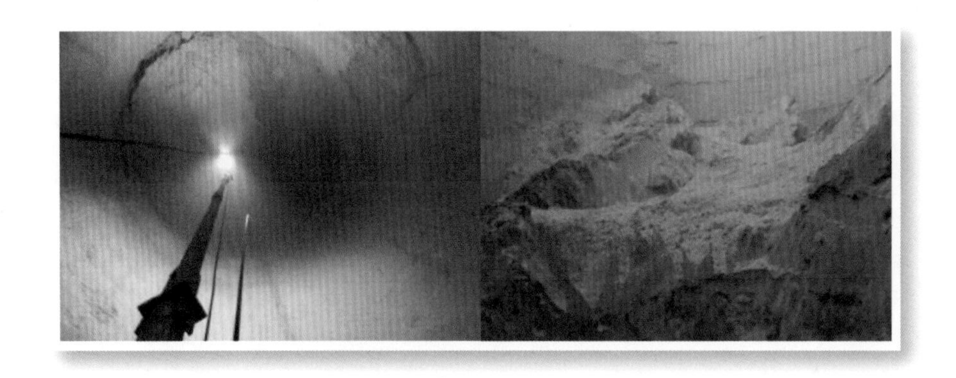

事故 7　2018 年 1 月 22 日，湖南某水泥有限公司的外委单位在对其 3 号水泥库清库过程中，库壁物料出现塌方，造成 1 人死亡。

事故 8　2018 年 1 月 9 日，河北某水泥有限公司在进行料库清仓作业时，因侧方水泥大量结块掉落发生事故，造成清仓工程外委单位 6 名现场作业人员被埋，后经送往医院救治无效，6 人全部死亡。

事故 9　2015 年 7 月，甘肃某水泥集团新型干法二厂制成车间在清理水泥 6 号库作业过程中，库壁水泥料坍塌，清库作业人员被水泥物料掩埋窒息死亡。

事故10 2012年6月，新疆某水泥厂水泥库清库过程中，在工人清库时大面积塌方导致事故发生。

事故11 2009年5月4日，福建某水泥公司发现矿渣库严重堵塞，联系外包公司处理，5名工人进入矿渣库清理，清理过程中废渣坍塌，5名人员被埋，全部遇难。

事故12 2009年4月26日，某水泥厂5人清理水泥库内积料，其中2人入库对脱落的气管进行连接时，库内壁上的水泥突然垮塌，2人被埋致死。

事故13 2009年4月14日，福建某水泥企业清理水泥库时，2名工人在库顶监护，另外2人绑着安全绳到水泥库内清理，到了中间的台子，顶部2人以为安全了，解开安全绳，结果库内2人滑了下去，工人马上下去挖，未找到人，放空料割开锥体后，两人已经死亡。

事故14 2008年12月13日，山东某公司受某水泥公司委托，在为其清理6号水泥库时，库内侧水泥突然发生坍塌，9名工人4人脱险、5人遇难。

事故 15 2008年10月10日，重庆某水泥厂水泥库清库过程中，几名工人在熟料仓内清理时，重约2吨的大块水泥料突然发生垮塌，造成2人死亡，1人受伤。

事故 16 2008年1月21日，内蒙古某水泥公司水泥库清库过程中，1名工人在清理水泥库墙壁料时发生坠落事故，被水泥掩埋，另外3人实施抢救时也被掩埋，4人被救出后经抢救无效死亡。

二、水泥库坍塌事故

与传统混凝土水泥库相比，钢板库具有明显的优势，比如投资小、建设周期短，占地面积少等优势，因此在近十年中发展很快。但由于钢板库建设行业门槛低，造成企业数量众多，企业的实力良莠不齐，甚至有很多无设计施工资质的钢板库建设公司充斥市场，造成了当前钢板库建设市场的混乱，也对水泥行业安全生产带来巨大隐患。

事故1 2019年3月19日，江苏某新型建材有限公司发生大型水泥罐体倒塌事故，导致1人死亡。

事故2 2019年2月16日，山东某建材生产企业一栋用于储存水泥的钢板库发生坍塌。事发时1名水泥运输车司机正在操作装卸工作，运输车一旁的水泥库墙体突然发生坍塌，将该工人掩埋致死。

事故 3　2019 年 2 月 13 日，江苏某水泥厂发生水泥库坍塌事故，导致 2 人死亡。

事故 4　2018 年 12 月 18 日，甘肃某环保科技有限公司分公司粉煤灰仓储罐体发生破裂倒塌，导致 1 人死亡。

事故 5　2018 年 9 月 3 日，浙江某水泥厂发生储罐掉落压塌房屋的重大事故，事故造成 4 人死亡、1 人重伤。

事故6 2018年1月22日，浙江某水泥厂罐体发生坍塌，造成1人死亡。

事故7 2017年1月7日，广西某建材有限公司4号水泥库发生一起坍塌事故，造成1人死亡。

事故8　2012年3月14日，浙江某水泥储罐发生倒塌，砸压相邻沙场两层楼的职工宿舍，造成5人伤亡。事故发生时，2500立方米的立式水泥储罐突然倒塌，大量的水泥灰如洪水般将宿舍淹没，屋内女性和幼儿顷刻间被吞没。

事故9　2011年7月28日，浙江某水泥厂发生水泥储罐倒塌事故，一辆正在作业的推土机以及1名驾驶司机被埋。

事故10 2010年10月27日，湖南某水泥企业厂区散装水泥罐突然发生垮塌，上百吨水泥外泄，造成3名工人被埋，其中1人死亡。

第六章
建（构）筑垮塌伤亡事故

水泥企业尤其是老旧企业的各种料棚、库房、围墙等建（构）筑物，由于年久失修、使用不当或其他原因所造成的垮塌、滑坡、塌方事故层出不穷，造成严重的损失。

提高安全意识，加强巡检，及时消除各种安全隐患，预防各种垮塌事件发生。

松为事故之源

严为安全之本

事故 1 2019 年 10 月 5 日，广东某水泥集团子公司石灰石矿场 205 线开采点发生边坡垮塌，造成 1 名运矿汽车驾驶员死亡。

事故 2 2019 年 7 月 13 日，广西某水泥企业施工过程中引起附近矿山发生塌方事故 5 人被埋，其中 4 人死亡、1 人重伤。

事故 3 2019 年 1 月 9 日，河南某水泥有限公司在

拆除废弃破碎输送廊道过程中，发生廊道垮塌事故，造成2死2伤。

事故4 2018年9月，安徽某水泥集团子公司生料磨廊道垮塌，所幸无人员伤亡。

事故5 2018年6月15日，安徽某水泥股份有限公司的水泥厂发生一起生产意外事故，致1人死亡。死者在进行铲料子作业时，料子垮塌致使其被掩埋后死亡。

事故6 2017年9月27日，广东某水泥有限公司，1名员工在1号窑清烟平台进行清结皮作业过程中，平台钢板因腐蚀作业时受重力作用，焊接口脱落失稳形成洞口，导致这名员工从失稳处坠落至3楼平台，送医院抢救无效死亡。

事故7 2017年3月20日，福建某水泥有限公司因简易工棚坍塌，致4人被埋。经全力组织施救，其中3名被困人员无生命体征，另1名被困人员送医院抢救无效死亡。

事故8 2015年10月6日，重庆某水泥企业熟料发运码头在提升传送廊桥作业工程中，吊笼升降平台忽然脱落，廊桥一端及吊笼升降平台坠入江中，导致站在廊桥和吊笼升降平台的9名操作人员全部落水，其中5名工人遇难，另4名工人被打救上岸。

事故9 2013年12月26日，河北某水泥有限公司钢渣微粉及输送车间在浇筑二层梁板时发生坍塌，造成5人死亡、1人重伤、8人轻伤。

事故 10　2011 年 12 月，贵州某水泥厂在矿山放炮后 2 分钟左右，该水泥厂厂区生料车间后山发生山体滑坡，滑坡土方量约 3300 立方米，事故造成 9 人被困，2 人死亡，多人受伤。

事故 11　2011 年 2 月 9 日，陕西省某水泥有限责任公司矿山分厂，溜井发生石渣塌落，事故共造成 5 人死亡。

事故 12　2010 年 12 月 15 日，江西某水泥厂发生坍塌事故，导致 5 人被埋压，其中 2 人当场死亡、2 人受轻伤、1 人受重伤。

事故 13 2010年12月7日，山东某水泥企业4号除尘器安装多年，锈蚀严重，缺乏维护，加之当夜风力过大，除尘器突然倒塌，造成窑炉2、3、4号钢结构操作平台坍塌，导致下层风机操作室楼板垮塌，最终1人死亡、2人重伤、1人轻伤。

事故 14 2009年4月15日，福建某水泥股份有限公司水泥厂2名工人在清理6号水泥罐时坠落罐底，被数十吨干水泥“淹没”致死。

事故 15 2009年3月21日，重庆某水泥厂二线生料罐突然发生爆裂，1人受伤。8月17日，二期工程熟料库内部施工支架发生坍塌。事故造成1人当场死亡，6人被埋于混凝土和钢筋中，后经过彻夜搜救，救援人员在事故发生的第二天下午找到了6名失踪人员，6人全部不幸罹难。

事故 16 2003年1月10日，安徽某水泥有限责任公司立磨车间管磨生产线石子库突然发生墙体崩塌，几百吨水泥生产材料倾泻而下，将位于石子库下的立磨车间控制室压倒。在控制室内工作的 7 名工人中有 3 人撤离，另外 4 人被埋压在生石料内死亡。

第七章 运输车辆伤亡事故

水泥企业运输车辆事故包括厂内的物料倒运过程中及厂外水泥（熟料）运输过程中的意外事故，尤其是水泥（熟料）运输车辆载重量较大，紧急时刹车困难，一旦发生交通事故，就会造成重大伤亡事件。

加强各类货运司机的安全教育，提醒广大司机随时随地都要谨慎驾驶，尤其是被认为不可能出事的时间、地点都有出现事故的可能。

每一次遵规守矩的操作
都是为生命加分

事故 1 2019 年 3 月 3 日，辽宁某水泥有限公司发生一起叉车事故，1 名工人因抢救无效当日死亡。

事故 2 2019 年 1 月 18 日，江苏某水泥粉磨有限公司未将汽车起重机的东侧支腿伸出撑实，汽车起重机向东侧侧翻，吊臂砸在 1 名工人身体上导致其死亡。

事故 3 2018 年 10 月 28 日，河南某市发生一起水泥熟料运输过程中的交通事故，造成 6 死 3 伤。

事故 4 2018 年 8 月 26 日，安徽某水泥有限责任公司发生一起车辆伤害事故，造成 1 人死亡。

事故5 2018年8月1日，广东某水泥企业发生水泥槽罐车侧翻，压倒两辆小车。事故导致9人死亡（其中1人送院途中死亡，8人当场死亡），2人受伤。

事故6 2018年6月19日，福建某水泥厂成品车间，一辆铲车在倒车时，不慎撞倒1名工人并碾压到头部，导致当场死亡。

事故7 2018年6月2日，山东某水泥厂发生一起安全生产事故，一辆货车翻入落差近十米的平台，司机当场死亡。

第八章
生产意外伤亡事故

作为工业企业，水泥企业运行过程中自然少不了一些意外的伤亡事故，只是水泥企业由于其自身的属性和忽视安全生产，发生事故的情形更多、更离奇、更令人想不到。

水泥企业每时每刻都要让员工绷紧安全这根弦。

安全警句千万条
安全生产第一条

事故1 2020年4月25日，浙江某水泥集团子公司发生一起安全生产事故，造成1名外协劳务人员死亡。

事故2 2020年4月5日，浙江嘉善某水泥有限公司工人在清仓作业时，被吊机抓斗不慎撞击受伤，经抢救无效死亡。

事故3 2019年7月11日，安徽某公司装运分厂装载水泥过程中，运输企业1名工作人员在装车过程中不慎落入罐车内部，现场人员及时救助，但伤者为双下肢烫伤并吸入过量粉尘，经送医抢救无效死亡。

事故4 2019年3月14日，山西某建材有限公司一位四十多岁员工因被机械物砸中，经抢救无效死亡。

事故5 2019年3月4日，湖北某水泥企业外委检修队伍的施工人员，从预热器内脚手架上坠落后，不幸身亡。

事故 6 2019 年 2 月 24 日，湖北某水泥厂内，1 名员工被正在作业的铲车误铲入进料口，导致窒息死亡。

事故 7 2019 年 1 月 18 日，江苏某水泥粉磨有限公司在进行钢结构库房建造时，发生一起物体打击事故，造成 1 人死亡。

事故8 2019年1月15日，安徽某水泥股份有限公司烧成车间巡检工，在废料清理过程中，斜靠在水泥生产线1号拖轮墩下的挡温板上，因倾倒致死。

事故9 2018年7月15日，陕西某水泥有限公司进行磨机检修作业时，工作人员通过起重机吊装电机，作业过程中突然起重机一个支腿出现塌陷，导致起重机吊臂坠落，砸中现场1名工作人员头部致死。

事故10 2018年4月8日，安徽某水泥有限公司巡检工在库内顶部巡检时，不慎滑入库内，当班班长施救，一同坠入库内，造成2人窒息死亡。

事故11 2018年3月3日，湖南某水泥企业进行停窑大修。外委单位在进行脱硫技改项目施工时，预热器排风管内搭脚手架施工，因脚手架垮塌，导致4人被困，其中1人当场死亡、1名重伤工人经抢救无效死亡、2人重伤。

事故 12 2018 年 1 月 20 日，四川某水泥有限公司外委公司派遣两名工人清扫皮带输送机尾轮散落在地上的矿料，1 人清理皮带输送机右侧的矿料，1 人清理左侧的矿料，当时两人相隔十几米。大约在 9 时 30 分，1 人穿越皮带输送机尾轮左侧防护栏杆，并用铁锹直接清理运行中的皮带输送机底部矿料，由于铁锹触及皮带，带动铁锹转动，致使锹把反弹，打在另外一人右侧太阳穴上，致使颅内出血死亡。

事故 13 2018 年 1 月 17 日，陕西某水泥企业 1 名工人作业时被意外卷入水泥提升机后，又掉下来卡在了管道中间。消防人员立即赶赴现场，被困工人从管道救出时已不幸身亡。

事故 14　2017 年 6 月 17 日，重庆某水泥有限责任公司一作业平台突然坍塌，1 名工人不慎掉入作业平台下被半成品水泥掩埋。事故发生之后，多部门联合开展了紧急救援行动，经过 1 个多小时的紧张救援。遗憾的是被困人员被救出后，很快就失去了生命体征。

事故 15　2014 年 7 月 19 日，河南某水泥公司发生安全事故，1 死 1 伤。该企业涉嫌瞒报，无视职工生命安全，严重违反安全生产相关法律法规。

事故16 2012年12月19日，湖南某水泥厂发生了一场悲惨的安全生产事故，1人掉下水泥库，另外2人一起去抢救，结果3人在这次事故中不幸丧生。

事故17 2009年9月6日，广东某水泥有限公司，码头一台固定式起重机在作业过程中因主动齿轮严重磨损，导致正在吊运的水泥塌落到船上，造成1人死亡、1人受伤。

事故18 2008年7月18日，新疆某水泥公司水泥生产车间配料工独自1人进入水泥调配库处理混合材下料不畅问题时，不慎落入钢仓中，经过现场人员40多分钟施救将其救出后送到医院确定已死亡。

事故19 2005年2月22日，湖北某水泥厂2名男性工人在生产过程中不慎掉入几米深的水泥堆中，众人一边紧急刨开水泥堆救人，一边打120请求急救。遗憾的是，当2名工人被救出时，1人已当场死亡，另外1人被急救车送往医院后不治身亡。

第九章
爆炸伤亡事故

表面上看水泥企业与爆炸相距很远，事实并非如此，而且还不是常规的爆炸事故，煤粉闪爆、气体爆炸、电收尘器爆炸、电石渣库爆炸等都屡有发生。近几年由于水泥企业在处理危废过程中，操作不当发生爆炸事故也经常听到。

爆炸事故是水泥企业安全生产事故重点防护领域之一，需要十分小心，不出事便罢，一出事就是大事。

安全就是节约

安全就是生命

事故 1 2019 年 11 月 23 日，内蒙古某水泥厂煤粉收尘器起火爆炸，所幸现场无人员伤亡。

事故 2 2019 年 1 月 6 日，湖北某水泥有限公司石灰石矿发生火药爆炸事故，导致 1 人死亡。承担爆破任务的公司在无采掘施工资质情况下，承接钻孔业务，钻孔过程发现裂隙带后采取措施不力，爆破后检查不仔细，未发现残留未爆炮孔以及执行爆破安全规程不严，导致事故的发生。

事故 3 2018 年 12 月 25 日，新疆某化工股份有限公司石灰回转窑在试车过程中发生闪爆事故，造成 3 人死亡、6 人重伤、12 人轻伤。

事故4 2018年7月12日，甘肃某水泥集团干法二厂发生爆炸事故，造成4人死亡、2人受伤。事故是由于电石渣库发生爆炸，直径15米的电石渣库库顶被爆炸气流掀掉，入库提升机拦腰被折断成3截。相关工作人员在明知提升机内乙炔气体浓度超标的情况下，违章指挥焊工用气焊切割提升机观察孔处生锈的螺钉，明火引爆提升机顶部的乙炔气体，导致事故发生。

事故5 2018年4月5日，安徽某水泥企业生产部2号窑，临停检修发生分解炉闪爆，造成1名员工死亡。

事故6 2016年9月18日，青海某公司东厂区水泥生产线收尘装置疑似电石渣发生闪爆事故，事故造成6人遇难，多人重伤。

事故7 2013年1月17日，云南某集团水泥有限公司发生一起爆炸事故，导致2人死亡、3人受伤。

事故8 2012年11月19日，福建某水泥厂脱硝项目氨水储存罐发生泄漏，电焊工焊接时，氨水罐突然爆炸，造成多人受伤。

事故 9 2012 年 8 月 27 日，广东某水泥有限责任公司水泥厂发生一起炸药配送车爆炸事故，现场腾起蘑菇云，事故造成 9 人死亡、1 人失踪。爆炸时数里都能感觉到强烈的震动，房屋有明显晃动，街道上多处房屋玻璃被震碎，相当于 8 级地震。

事故 10 2011 年 4 月 13 日，海南某混凝土公司水泥分储罐爆炸，致 2 死 3 伤。

事故 11 2010年1月25日，安徽某水泥企业6名工人在检修煤磨袋式除尘器时，因一氧化碳浓度超标，与空气混合引起了爆炸事故，4人受气流冲击从高空摔落而死亡。

第十章 触电伤亡事故

安全用电是生产性企业的基本要求，一旦发生事故就会危及工作人员的生命安全。水泥企业近些年发生了多起触电事故，造成许多人员伤亡，多是工作大意、粗心的偶然事故，认真吸取教训，加强管理，完全可以杜绝触电事故发生。

触电伤亡事故经常是不该出事的地方出事，而最危险的地方反倒安全，其根本还是安全意识不强，下面的这些事故教训非常深刻。

每一天安安全全地上班

都是为了平平安安地下班

事故 1 2019 年 7 月 6 日，内蒙古某水泥企业，铲车司机在施工作业时，铲车铲斗碰触到电线，不幸身亡。

事故 2 2019 年 6 月 22 日，安徽某建设工程有限公司承接某水泥股份有限公司矿山分厂至厂区廊道吊装作业时发生触电事故，1 人死亡。

事故 3 2019 年 4 月 23 日，四川某商品混凝土站发生了一起触电事故，1 人死亡。

事故 4 2019 年 4 月 21 日，河南某混凝土搅拌站在拆除过程中，发生触电事故，1 人死亡。

事故 5 2019 年 1 月 8 日，安徽某水泥集团建筑工地在浇筑混凝土时水泥泵车碰上高压电线，导致施工人员触电，1 人死亡。

事故 6 2019 年 1 月 1 日，广西某集团水泥厂原煤和黏土棚制作及安装工程时，4 名施工人员在移动 9 米高脚手架拟进行焊接作业时，误碰到厂区上方的 35kV 高压线，发生触电事故，2 人死亡、2 人受伤。

事故 7 2018 年 7 月 1 日，河北某混凝土有限公司在浇筑混凝土时泵车大臂挂在高压线上，发生一起触电事故，造成 2 人死亡、1 人受伤。

事故 8 2015 年 9 月 14 日，山西某搬运公司承接某水泥有限公司项目，在电捕焦罐过程中发生电击事故，两死一伤。

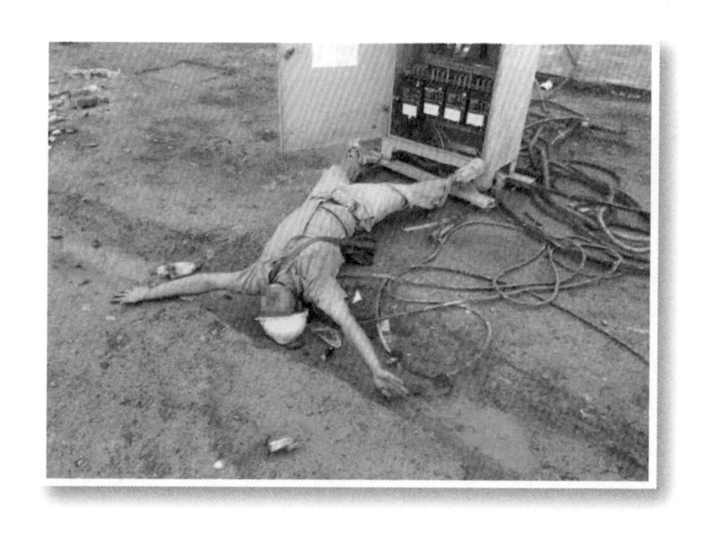

事故 9 2010 年 3 月 23 日，某水泥厂窑尾电收尘 2 号电场发生电流异常，中控室立即通知值班电工、维修工现场检查。当电工到现场检查发现需急停电处理时（还未开始停电操作），维修工已进入电收尘器触碰了 3 号电场设备，当场触电死亡。

事故 10 某企业电工组招来 1 名新员工，组长安排 1 名很有经验的老工人作为师傅。一天他们两人被安排去修故障电路，因为怕有人在他们修线路时合闸，师傅就安排徒弟守在闸刀开关前面。

师傅有一个很不好的习惯，处理的电线较多手拿不过来时，喜欢把电线含在嘴里。这天要处理的线路也比较多，师傅就把一部分电线含在嘴里。这时可能是需要徒弟帮忙，就一边把电线含在嘴里一边向徒弟喊话，由于嘴里含着电线说话含混不清，同时距离较远看不清情况，徒弟误以为师傅要他合闸，于是把开关合上了，结果导致师傅当场被电死。

第十一章 坠落伤亡事故

水泥企业生产、维护、维修过程中，高处作业的机会较多，生产作业人员在临边高处作业时，稍有不慎，就会引发人身坠落事故。同时，还会发生因踏空失足坠入地面、洞、坑、沟、库、漏斗中等摔伤、被埋窒息的意外情况，每年都有这方面的伤亡事故发生。

坠落事故发生都是因为粗心大意，要让每位一线的员工都清楚自己的脚下曾有人因为不小心而坠落受伤，甚至丢掉性命。

安全和效益结伴而行
事故与损失同时发生

事故1 2020年4月10日，广东某水泥有限公司发生一起高处坠落事故，造成1人死亡。

事故2 2020年4月8日，内蒙古某水泥有限责任公司发生一起高处坠落事故，造成1人死亡。

事故3 2019年8月24日，江苏某水泥有限公司3号粉磨车间配料仓库顶部发生一起高处坠落事故，外委公司员工在配料仓库清灰作业时，从非作业区域的彩钢瓦房顶坠落至地面，安全帽脱落，当场死亡。

事故4 2018年2月6日，陕西某水泥有限公司1名员工在涂刷发电锅炉分离器通风道内壁耐磨涂料时从14米高处坠落，送医抢救无效死亡。

事故5 2018年4月13日，安徽某水泥有限公司发生一起高处坠落事故，造成1人死亡。

事故6 2017年7月17日，海南某水泥有限公司2名工人掉入水泥库中，造成2人死亡。

事故7 2017年5月9日，海南某水泥企业厂区的施工工地发生高处坠落事故，造成1名工人死亡。

事故8 2017年3月25日，浙江某水泥有限公司外委单位在水泥库的彩钢棚做防水作业时，施工工人不慎从5米高的高处跌落，送医院抢救无效死亡。

事故 9　2017年3月12日，安徽某水泥公司水泥分厂水泥磨车间发生一起高处坠落事故，致1人死亡。

事故 10　2013年3月2日，甘肃某水泥集团二厂烧成车间发生一起坠落事故，造成1人死亡。

事故 11　2012年4月6日，河北某水泥厂1名工人高空作业时不慎坠落身亡，事故发生后该水泥厂并未将此次生产安全事故及时上报，而是采取破坏现场、瞒报处理。

事故 12 2012 年 1 月 25 日，安徽某水泥有限公司 6 名检修工人在检修煤磨袋式除尘器时，其中 4 名工人来到顶楼，另外 2 名工人在顶楼下一层平台接应。一声巨响，4 人受气浪冲击，从楼顶摔落死亡。

第十二章
中毒、火灾伤亡事故

水泥企业的许多作业都是在密闭空间内进行，在维护、检修过程中没有做好充分通风等准备工作，贸然进入就有可能发生一氧化碳中毒、二氧化碳窒息死亡事故，许多企业都有血的教训。

中毒事件经常是在无声无息中人就倒下了，对一些特别的维修、维护工序需要十分小心，严格执行安全规程，切不可以贸然行事。

制度一旦松条缝
事故必然就钻空

事故1 2019年12月11日，内蒙古某混凝土有限公司发生中毒和窒息事故，造成1人死亡。

事故2 2019年3月19日，河南某水泥厂突发大火，所幸扑救及时无人员伤亡。

事故3 2018年6月15日，安徽某水泥股份有限公司水泥厂发生中毒窒息事故，造成1人死亡，工贸行业安全生产标准化一级企业称号被撤销。

事故4 2018年1月24日，山西某水泥有限公司脱硫石膏仓发生火灾。

事故5 2017年9月16日，甘肃某环境工程有限责任公司垃圾焚烧项目，2名巡检工在处理行车抓斗故障时，发生中毒和窒息事故，经医院抢救无效死亡。

事故 6 2017年8月19日，山东某水泥有限公司工厂原料车间在检修过程中，发生一起严重一氧化碳中毒事件，共造成5人死亡。

事故 7 2015年4月2日，甘肃某水泥有限公司发生一起炮烟中毒事故，导致3名工作人员死亡。

事故 8 2013年7月18日，河南某水泥制品有限公司发生一起安全生产事故，工人在工作中被含有毒气的二氨熏倒，当场身亡。

事故 9 2013年5月3日，河北省某水泥厂磨煤车间二氧化碳管道脱落引起二氧化碳大量泄漏，致现场两名工人中毒死亡。

事故 10 2013年4月2日，甘肃某水泥厂在处理矿山竖井篷井过程中发生炮烟中毒事故，导致3人死亡。

事故 11 2013 年 2 月 27 日，甘肃某水泥有限公司在原料磨内添加钢球作业时，7 人一氧化碳中毒，送医院救治后，4 人抢救无效死亡。

事故 12 2012 年 12 月 3 日，河南某水泥有限公司发生有害气体中毒事故，导致 7 名工人中毒，其中 4 人经抢救无效死亡。事故是由于一氧化碳的有害气体倒灌所致。

事故 13 2011 年 11 月 14 日，江西某水泥有限公司水泥厂进行煤粉库清料作业，因作业空间狭小导致氧气不足，造成清料工和企业自主组织施救人员共 10 个先后一氧化碳中毒，最终造成 4 人遇难、1 人重伤、5 人轻伤。

事故 14 2009 年 1 月 3 日，安徽某水泥企业 3 号炉在检修时发生一起一氧化碳中毒事件，导致正在炉内检修的 13 名工人中毒，其中 1 人死亡、12 人受伤。

事故 15 2004 年 6 月 26 日，甘肃某水泥有限公司自营工程队 3 位工人在清理生活福利区化粪池和下水主管道时，因沼气中毒不幸身亡。

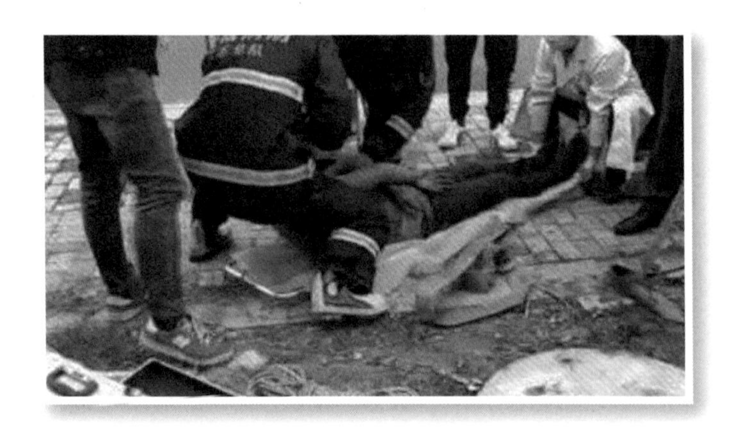

第十三章 施工安全伤亡事故

水泥行业每年新建、改造的项目很多，有些企业常年都有工程在建，由于项目都是层层外包，施工队伍鱼龙混杂，安全事故经常发生。作为甲方可以不承担安全事故的直接责任，但有督促施工单位做好现场管理、避免出现重大安全事故的间接责任。

无论是直接责任，还是间接责任，一旦有安全事故发生，对企业、对项目进度都会带来不利影响。

每一堂安全生产教育课
都是在守护生命

事故1 2019年10月16日，湖北某水泥集团有限公司在2号窑烟室搭建脚手架时，发生一起物体打击事故，造成2人死亡、1人受伤。

事故2 2019年4月初，四川某水泥集团在建骨料项目发生事故，1死5伤，事故是由于浇筑混凝土筒仓时发生坍塌所致。

事故3 2013年11月10日，山东某建设集团有限公司水泥粉磨系统技改项目工程施工过程中，18米标高平台西北侧立柱东侧3米处左右位置发生坍塌，随即平台大面积坍塌，平台上的10名施工人员随着模板坠落，2名在模板下部加固模板支撑的木工被掩埋在坍塌物下。最终造成4人死亡、8人受伤。

事故4 2012年10月27日，云南某水泥厂建筑工地发生坍塌事故，造成5人死亡、7人受伤。

事故5 2010年7月5日，四川某水泥厂粉磨站技改工程在建设施工中发生支模架垮塌事故，造成1人死亡、1人重伤（无生命危险）、6人轻微伤的事故。

事故 6　2010 年 3 月 23 日，山东某水泥厂 100 万吨粉磨站磨机厂房进行三层顶板混凝土浇筑时，发生一起模板支架坍塌事故，1 人死亡。

事故 7　2009 年 9 月 10 日，内蒙古某水泥集团二期工程预热器分解炉耐火砖砌筑作业，现场吊式平台发生倾斜，导致 7 名工人坠地，6 人死亡、1 人重伤。

事故 8　2009 年 8 月 18 日，重庆某水泥厂发生在建工程坍塌事故，造成多名工人被埋。经过救援人员紧张搜救，至 18 日 18 时，遇难人员的遗体已全部找到，此次事故共造成 7 人死亡、7 人受伤。

事故 9　2008 年 11 月 10 日，青海某水泥企业在建车间发生倒塌事故，致使5人死亡、1人重伤。

事故10 2008年2月4日，重庆某在建水泥厂发生一起安全事故，造成4人死亡、2人受伤。事故是由一处钢管架坍塌造成。

事故11 2005年，辽宁某水泥厂扩建工地，9名工人正在做水泥塔顶盖封顶工作，距地面33米高，圆形操作平台由7根12毫米钢丝绳悬挂在空中。不料钢丝绳突

然断裂，悬挂式操作平台从高空坠落，造成 6 人当场死亡、3 人受伤。

后　记

在广大同仁的共同努力下，水泥行业的企业生产水平、管理能力取得了突飞猛进的进步，为国民经济建设和人民群众生活水平提升做出了重要贡献，这些来之不易的成就是全体水泥人汗水和智慧的结晶。令人遗憾的是，其中还有一些“血”的代价，每年发生的各类安全事故，给企业、伤亡员工及其家庭带来了很大的伤害。

安全管理、安全生产在每个企业都居于首要地位，伤亡事故之所以防不胜防，大多是因为当事者安全意识淡薄、一时大意、粗心、侥幸和违章操作所致。让大家了解发生在同行、同事身上的悲剧确实有些残酷与过分，但一定会在心中多筑起一道安全防线，只要能避免一例安全生产事故出现都将非常值得。

书中共收集了近年发生在水泥行业的200多起安全事故案例及相关图片，并对照水泥企业的工序、岗位划分为十三种不同类型，目的是让大家了解：

1. 水泥企业不出事故便罢，一旦出事几乎都是大事；

2. 水泥企业几乎每个环节都有发生不测的可能，只要大意、粗心、任性随时都会触“雷”；

3. 水泥行业所有安全事故几乎都是同行发生过的悲剧重演，任何企业都要虚心做个小学生。

由于经验、能力所限，本书能否达到“让水泥企业不再有悲剧”的目标不得而知，但衷心希望包括水泥行业在内的所有建材人在振兴建材工业道路上再也没有一个人意外掉队。